♥ 从零开始 ♥

复古娃衣制作书

花头巾 著

东华大学出版社·上海

衬裙　P52

序 言

　　我对于手工的爱好大概由来已久，从小学时代沉迷于折星星、编手链就可见一斑。可是我又非常讨厌被别人称为"手很巧"，因为我一直认为，我是在"创造美"，而手工不过就是其中的一个媒介。

　　长大后，有机会走过许多地方，看到了更为广阔的天地和自己之前没有见过的美丽事物，而创作的欲望日趋强烈，却找不到表达的方式……直到有一天，我遇到了Bjd娃娃和Blythe。有时候明明是同一个娃娃，不同的娃娘却能打扮出不同的风格和人物形象，真是太有趣了！于是我也开始尝试设计制作娃衣，这个过程果然非常有意思，甚至比想象中更加有趣。

　　设计可以把我长久以来的见闻和喜好倾注在作品中，而制作又能融合我多年爱好的各种手工技巧。

　　这本书是一本从入门到略复杂的复古娃衣的制作手册，希望你们也能体会到做手工的乐趣！

目 录

褶皱波奈特　P104、白色蕾丝围裙　P86、印花拼接连衣裙　P72

印花拼接连衣裙 P72

麻纱礼帽　P101
印花拼接连衣裙　P72

假领子 P49
羽毛纱帽 P108
紫色羊腿袖外套 P91
印花褶裥半裙 P83

羽毛纱帽 P108

蓝色百褶儿童裙　P78
衬裙（对页）　P52

蓝色百褶儿童裙　P78
衬裙　P82

蓝色百褶儿童裙　P78
同款百褶儿童裙粉色版本

紫色方领连衣裙　P88

模特娃娃

Amber

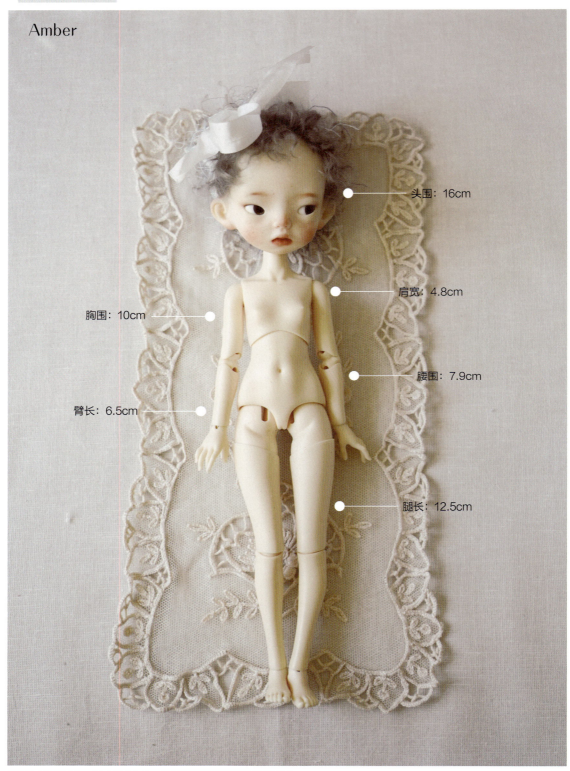

头围：16cm

肩宽：4.8cm

胸围：10cm

腰围：7.9cm

臂长：6.5cm

腿长：12.5cm

娃体尺寸近似Obitsu 24（即ob24），娃娃版权归属@HMINORDOLL

基础篇
Basic skills

娃娃服饰更像是一种人类服饰的微缩形态，其制作方式与人类服饰的制作方式略有不同。本章介绍了制作娃衣需要了解的基础知识、常用的材料和工具，以及一些注意事项等。

从平面到立体

服饰的组成与拼接

　　人体是一个不规则的三维立体造型，而布料却显而易见是个平面物体，布料需要经过裁剪和缝制才能变成服饰来包裹人体。

　　这一部分主要介绍服装的基本组成部分以及相关的专业术语，并简单地介绍各部分的缝合顺序。

　　如果你完全没有接触过服装制作，那么经过这一部分的学习，就会对服饰的制作有一个大概的了解，可以更好地理解后面的制作实例。

衣服的组成
（以后背开合的长袖衣服为例）

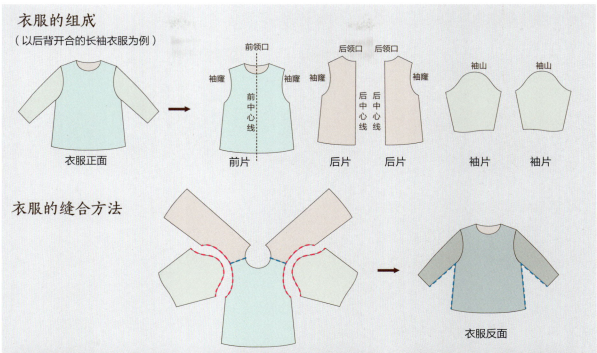

衣服正面　　前片　　后片　后片　　袖片　袖片

前领口　后领口　后领口　袖山　袖山

袖窿　袖窿　袖窿　袖窿

前中心线　后中心线　后中心线

衣服的缝合方法

衣服反面

前后片要在肩线处缝合（蓝线标记处），前后片的袖窿合在一起后和袖子的袖山拼合起来（红线标记处），有时候袖山比较长，就要先抽皱到跟袖窿一样长。

将正面相对，拼合侧缝（蓝线标记处），翻到正面，这样衣服就缝合完成了。

裤子的组成
（以简单无腰的裤子为例）

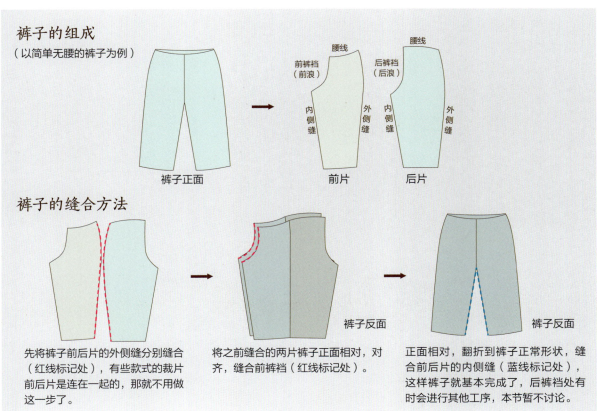

裤子正面　　前片　　后片

腰线　腰线　前裤裆（前浪）　后裤裆（后浪）　内侧缝　外侧缝　内侧缝　外侧缝

裤子的缝合方法

裤子反面　裤子反面

先将裤子前后片的外侧缝分别缝合（红线标记处），有些款式的裁片前后片是连在一起的，那就不用做这一步了。

将之前缝合的两片裤子正面相对，对齐，缝合前裤裆（红线标记处）。

正面相对，翻折到裤子正常形状，缝合前后片的内侧缝（蓝线标记处），这样裤子就基本完成了，后裤裆处有时会进行其他工序，本节暂不讨论。

A 字裙的组成

（以抽褶A字裙为例）

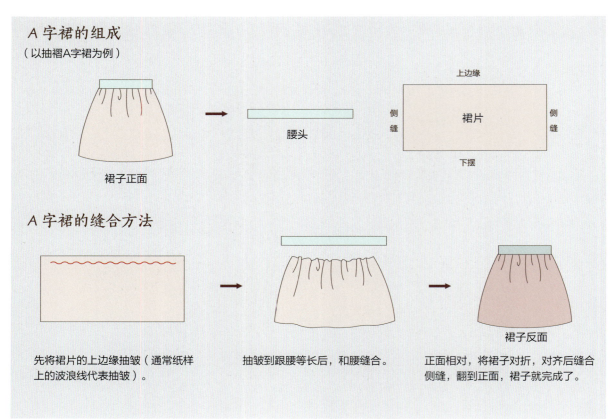

裙子正面

腰头

裙片

上边缘

侧缝

侧缝

下摆

A 字裙的缝合方法

先将裙片的上边缘抽皱（通常纸样上的波浪线代表抽皱）。

抽皱到跟腰等长后，和腰缝合。

正面相对，将裙子对折，对齐后缝合侧缝，翻到正面，裙子就完成了。

裙子反面

筒裙的组成

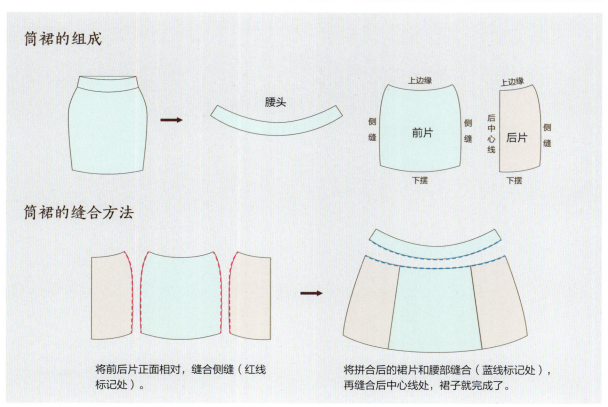

腰头

上边缘

侧缝

侧缝

前片

下摆

上边缘

后中心线

后片

侧缝

下摆

筒裙的缝合方法

将前后片正面相对，缝合侧缝（红线标记处）。

将拼合后的裙片和腰部缝合（蓝线标记处），再缝合后中心线处，裙子就完成了。

波奈特帽子的组成

帽檐　　　帽身　　　帽底

波奈特帽子的缝合方法

先将帽檐和帽身拼缝（红线标记处）。

再将帽身和帽底拼缝起来（蓝线标记处），最后加上绑带即可。

圆顶礼帽的组成

帽顶　　　帽身　　　帽檐

圆顶礼帽的缝合方法

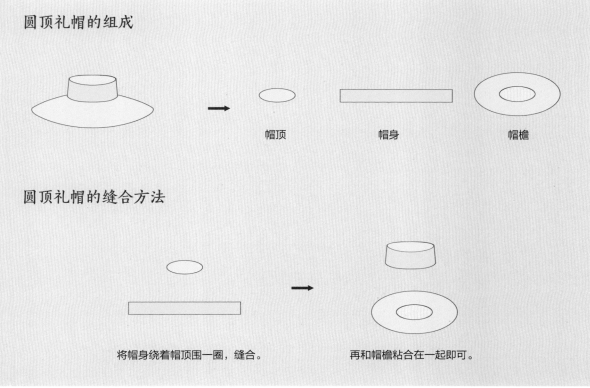

将帽身绕着帽顶围一圈，缝合。　　　再和帽檐粘合在一起即可。

制作衣服前需要知道的一些基础常识

如何使用纸样裁剪布料

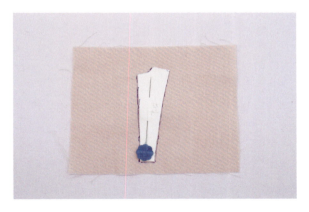

如果你是完全的新手，害怕做错，可以像这样裁剪

将纸样沿着净缝线剪下来，用定位针别在布上，描出外轮廓。

再画一圈缝份，沿着外圈（缝份线）将布料剪下来即可。

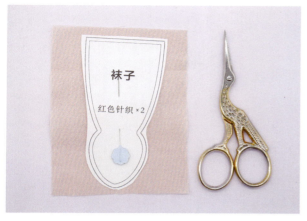

如果你已经熟练地制作过几套服装，推荐你使用下面的方法

将整个纸样剪下来，贴近外轮廓，但不要剪到外轮廓，用定位针别在布上，将纸样和布一起沿着外轮廓剪下来。

做衣服并不像拼乐高、拼模型那样一点不能错，有一点误差并不会影响最后的效果，所以不需要把净尺寸画出来、严格按照净尺寸缝纫。做过几套就会熟悉缝份尺寸，把布片裁剪下来直接缝纫就可以了。

关于缝份

本书内的纸样缝份均为 2mm。

1. 小尺寸的娃衣，缝份太大看起来会显得不精致，而且缝制前要先涂好锁边液，如果缝好之后再修小缝份，会导致缝份出现毛边。

2. 转弯处如果缝份过大，可能会需要用力拉扯面料来对位置，这样容易损坏面料。

☆ 2mm 缝份需要提前适应一下。

折边：布边的处理

正面

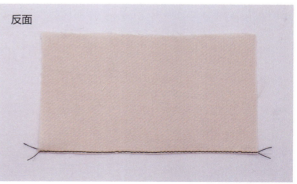

反面

本书内的所有服饰，单层布的布边（比如裙摆、衣服的下摆边等）处理都是向内折边 2mm，然后缝一道线固定。卷边会让边缘变得太厚，另外，卷边制作也比较困难。

衣服背后的秘密 书中案例用到的一些扣合方式

扣子＆扣祥

绑带

风纪扣

揿纽（按扣）

魔术贴

绳结

扣袢的制作方法

1 在需要做扣袢的位置，先用线穿一个线圈，如图所示。

2 在线圈中将长的线拉出来。

3 用拉出来的线拉紧之前的线圈，接着在这个线圈中再将长的线拉出来，然后再拉紧，如此往复，就可以做成一个长的绳结。

4 做到一定长度后，试一试，看能不能扣住扣子。

5 确定长度后，将针穿过线圈，把线圈拉紧。

6 将线袢缝合到边缘，完成如图所示的一个线圈。

实用工艺简介

刺绣装饰

书中用到的两种简单的刺绣，纯属抛砖引玉，你可以用更多的刺绣技法增加服装的装饰。

锁链绣

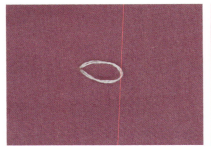 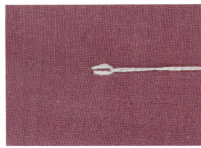 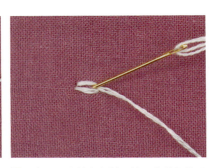

1 在同一个地方出针再入针，形成一个环。

2 在需要锁链的长度位置再出针，拉紧线圈。

3 在同一个地方入针，接下来往复就可形成锁链。

双羽毛绣

1 从1处出针，略错开位置在2处入针，形成一个环。

2 在确认羽毛长度的位置3处出针，拉紧线圈。

3 在4的位置入针，形成一个环，如此往复，分别在两个方向入针就可形成双羽毛效果。

包 边

很多地方都会用到包边，这里介绍手工包边。

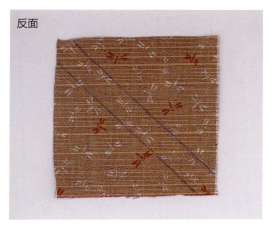

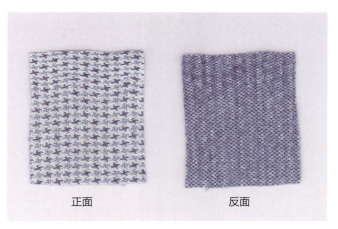

1 包边布条需要 45° 斜裁，如图。布条可以比实际需要的稍微裁长一点。

2 准备一块需要包边的布。

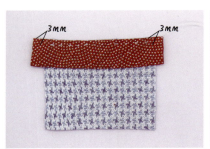

3 将布条与需要包边的布边缘对齐，缝一道包边宽度的线，书里例子为 3mm。

4 缝合完成后向上折，将一边长出来的布向内折，如图。

5 布条上边缘先向下折一下。

6 向下折包住布边，按如图所示的缝法缝合。缝到另一边时，长出来的布条也向内折，和之前的做法一样。

7 完成后的正面看不到线迹。

8 反面是比较小的线迹。

塔 克

一种很常用的装饰褶裥。

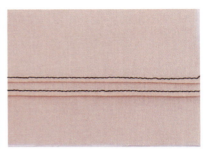

1　小尺寸娃衣的塔克宽度通常做 2mm 一条。先把需要做塔克的位置折一下。

2　在 2mm 位置缝一条线。

3　缝好后，将其展开熨烫平整，所有的褶都往一个方向倒即可。

黏合衬

黏合衬可以在一定程度上改变布的状态，让布更硬挺、挺括。

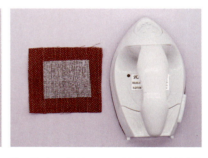

1　需要确认黏的那面，一种黏合衬黏的那面看起来有亮光。

2　另一种黏合衬黏的那面会有颗粒的质感，手摸上去就会感觉到。

3　将有颗粒的那一面放在需要粘衬的布的反面，根据底部的材质，用熨斗压烫 10s 左右，为了牢固，可以将粘好的布翻过来，正面也压烫 10s 左右。

拼接蕾丝

　　制作娃衣时经常需要加入蕾丝、花边等辅料来丰富服饰，特别是我在制作娃用内搭的时候，常用到蕾丝。

　　蕾丝的种类很多，根据布料的厚薄来选择就行了。厚面料要搭配厚一些的蕾丝花边，薄面料就要选择薄的蕾丝花边，如果想要最后的成品更精致，可以选择法国进口蕾丝，但是价格会比较昂贵。大家按自己喜好选择就可以了。

　　本节将介绍蕾丝的各种拼接制作方法。

在布料上缝合蕾丝装饰

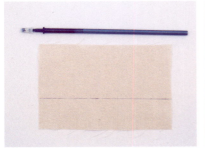  

1 在需要拼接的位置用记号笔做好记号。

2 将蕾丝的反面和布料正面相对，将所需的蕾丝花边用定位针固定在布上。

3 根据款式需要缝合上边缘，或者分别缝合上、下边缘。

在布料中间缝合蕾丝装饰

效果看起来像蕾丝和两块布料拼接起来。

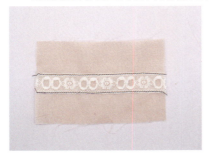  

1 将蕾丝缝合在布料上，上、下边缘都要车线，如图所示。

2 翻到反面，沿中线将蕾丝后面的布料剪开。

3 沿着缝线翻折。

 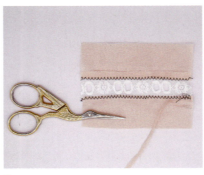 

4 用Z字线将蕾丝的上下边缘与布料缝合。

5 剪掉多余的布边。

6 翻到正面，效果如图所示。

在布料边缘缝合蕾丝装饰

毛边的布料边缘缝合蕾丝

一般适用于衣服下摆、裙子下摆、袖口等各种零部件的下摆及边缘位置。

1 将蕾丝和布料正面相对，靠近蕾丝边缘缝合起来。

2 将蕾丝翻折下来，在布料的正面压一道线。

3 完成后反面效果如图。

在完成的布料边缘缝合蕾丝

这样在拼接的正面可以呈现蕾丝的整个形态。

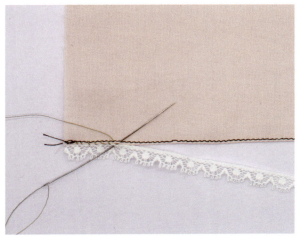 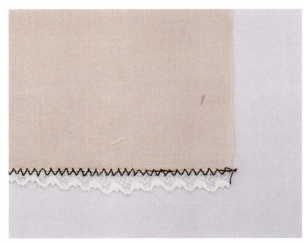

1 可以用手缝的方式，将蕾丝拼缝到布边上。

2 机缝时可以用 Z 字线迹缝合。

褶皱工艺

　　褶皱工艺包括褶裥和抽皱等，褶皱是能让服装立体起来的一种方式，运用好褶皱细节可以让服装变得更好看，也可以给服装增添一些趣味性。这里展示的是一种规则的顺风褶，常见于制服裙、百褶裙、马面裙等。褶裥有很多制作方法，本节主要介绍如何利用纸型来制作。

　　纸型可以制作多种不同的规则褶皱，一般用于高定娃衣中。本节介绍的是褶裥的简易做法，我们来学习一下吧！

制作方法

1　因为本书制作的娃衣比较小，褶的宽度不要太大，一般 5mm 左右，纸型可以直接利用有格子尺度标示的制图纸。

2　按照制图纸上的格子折成褶裥。

3　将需要做褶裥的布随着纸型做出跟纸型一样的褶皱，用熨斗按压 5~10s，熨烫出褶裥。

小贴士

❶ 完成纸型后，可以用卡片一个褶一个褶地将布卡到纸型的褶皱里面去。

❷ 如果最后需要的长度为 a，那么原始布的长度为 3a，可以剪长于 3a 的长度，因为制作时候会有误差，有余量可以修改。

4　在完成的褶裥上边缘处，缝一道线来固定，褶裥就完成了。

布料抽碎褶

较长距离的抽褶

 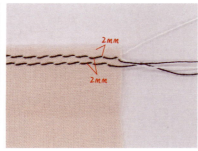 

1 在需要抽碎褶的部位缝两道比正常针距大的缝线（具体要按照布料和所需效果来定）。

2 放大看一下距离，尽量紧凑一点。

3 将两条线的底线同时拉紧，需要抽皱的位置就会产生褶皱，抽缩到需要的效果即可。

较短距离的抽褶

 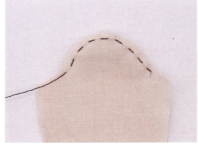 

1 对于短距离的部位（比如袖山），缝一道线就足够了，图中为机缝效果。

2 也可以手缝抽皱。

3 机缝拉底线抽皱，手缝的话可以直接抽皱，确认长度后打结，固定抽褶。

蕾丝花边抽碎褶

常见的涤纶蕾丝或棉蕾丝花边

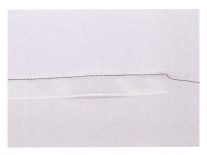 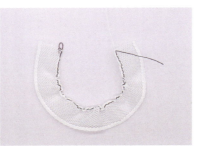

1 将需要抽皱的边缘机缝或者手缝一道线。

2 抽拉底线或者手缝线使抽褶边缘达到需要的长度。

法蕾（法国产薄棉或者涤纶蕾丝）

这类蕾丝可以在蕾丝的边缘找到一根线，一拉就能抽皱。

1 在边缘的几根线里面尝试，找到那根能拉得动的线（用镊子辅助比较好找）。

2 （放大看）这根线一般在边缘的几根线里面。

3 找到以后直接抽拉，拉到需要的长度即可。

一整块布的抽皱

适用于波奈特帽子的帽檐内部、缩褶绣衣服等款式细节，以及整块布料需要抽皱的情况。

缩褶机抽皱

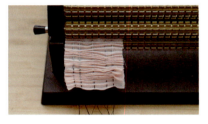 

扫码观看教程
缩褶绣技法

用缩褶机给整块布料均匀地打上褶，然后将布料取下来就行了。

缝纫机抽皱

 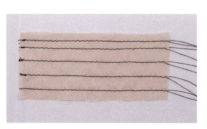 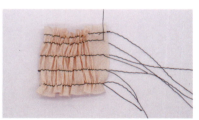

1 在需要抽皱的布上均匀地画好线。

2 按照线迹车线，针距大约在 5mm，具体要根据布料来定（不同厚度的面料，同样针距产生的褶皱效果不同）。

3 将所有缝线的底线抽拉到一样的紧密度，整理下褶皱即可。

手缝抽皱

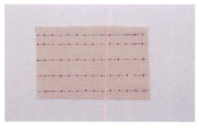 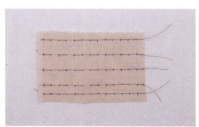 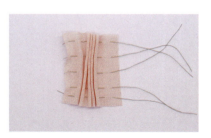

1 在需要抽皱的布料上均匀地画点。

2 用针穿过所有的点，一行一条线。

3 拉紧线，整理下褶皱即可。

蕾丝

常用0.5～4cm宽度的蕾丝，若追求轻薄效果，推荐使用法蕾

头饰配件

不同尺寸的娃娃头饰配件都可以根据娃头大小网购

Gutermann 绣线

光泽感比较好

亮片

尽量选择耐高温的材质，推荐3～4mm大小的LM亮片

DMC 绣线

棉质绣线摩擦力比较大，刺绣相对比较容易

常用材料

本书制作的娃衣，尺寸接近ob24的数据，相对来说，这是一种小尺寸娃衣，所以在配件方面，我一般选择尽量小且薄的材质。购买配件时，可根据娃衣的尺寸和设计来选择。

Gutermann 金属线

光泽感好，可选的颜色也非常多，韧性较好

Gutermann 缝纫线

很结实，适合手缝

珠子

常用Toho、Miyuki的米珠和管珠，多用直径1.5mm和2mm的米珠，施华洛世奇的玻璃珍珠一般使用2mm/3mm，有时候也会使用捷克珠

花边

彩色花边常用0.5～1.5cm的宽度，选择时还要注意厚度，彩色花边材质很多，可根据款式选择

纽扣

常用直径为3mm、4mm、5mm的纽扣，也可以使用珍珠或米珠当纽扣

配件

风纪扣、日子扣、铆钉、蘑菇钉等，都需要选择迷你尺寸

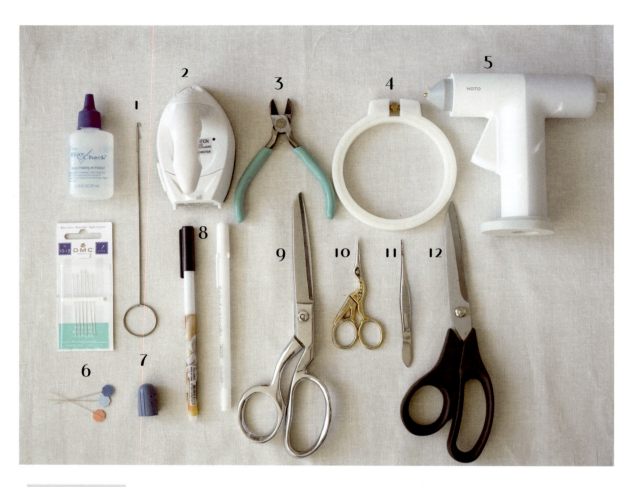

工具介绍

1 翻里器

用于将长带子的正面翻出

2 电熨斗

用来烫黏合衬、整烫衣服，也可以用夹板代替。我个人使用普通家用无绳电熨斗

3 首饰钳

用于剪断铁丝、铜丝等硬质材料

4 绣花绷

用于绣花时绷紧面料

5 胶枪

用来粘东西，一般用于帽子装饰物的固定

6 定位针

用于布料之间或布料与纸样的固定

锁边液

除了针织面料、毛绒面料和黏合衬以外，其他布料剪下来以后须涂上锁边液

串珠针

建议手缝时使用串珠针（特别厚且硬的布料除外），推荐DMC串珠针，缝制顺滑，非常省力

特别重要！

可选工具

缝纫机

缝纫机适合缝制较长的线条，比手缝效率高，配合不同的压脚时，还可以创造出不同的线迹，完成简单的绣花、拷边、缝扣眼等工艺。
用缝纫机缝出的线迹整齐美观、平整牢固，缝纫速度快，使用简便。

7 顶针

缝制较硬的面料时使用，以防戳伤手指

8 记号笔

用于做记号、画线等，有水消、气消、热消三种，可根据喜好和习惯选择

9 布剪刀

用于剪布的剪刀，不可用于剪其他东西，以防剪刀变钝，图中剪刀为Ginher品牌

10 线剪刀

用于剪线头

11 镊子

用来给较小的娃衣部件翻里、夹取小的配件等

12 普通剪刀

用于剪布料、硬质物品以外的其他所有物品

内衣篇
Underwear

　　不管是东方还是西方，人们历来都会在外出服内穿着内衣。内衣包括但不限于衬衫、衬裙、裤子、衬帽等。
　　娃娃服饰中制作单独的内衣，对整体的造型有很多好处，相同的外套搭配不同的内衣可以带来不同的造型，而外套因为内衣的穿着会显得整体更加立体。当然，内衣也可以单独穿戴，复古风格的内衣并不会像现代内衣那样紧身，很多时候都可以作为单独的服饰穿着。
　　本书中制作的内衣均为白色，因为白色可以搭配各种颜色的外出服，但是在实际应用中，可以制作任意颜色的内衣来搭配你想配套的外出服。

国产高支棉（60支/80支/100支）

支数越高的棉纱越细（通常面料越薄）

特点：薄、软、性价比高

缺点：面料相对后续介绍的几种略松散

适用：几乎都适用，一般用来制作相对厚实的内衣

暗纹棉布

这类棉布会因为织造方式不同而带有不同花纹

特点：不同肌理会给衣服表面增添趣味性

缺点：相对其他几种材料会比较厚实

适用：不太追求轻薄效果的衣物都可以，由于布表面带有纹理，就算不制作表面装饰，衣服也会很有趣

真丝棉

面密度（俗称克重）越大的真丝棉越厚

特点：薄，但不软，有真丝特有的光泽感

缺点：缝纫机制作要求较高

适用：几乎适用于各种类型的娃衣，制成的衣物有光泽感，不软塌，是非常棒的材料

瑞士棉纱

制作中古手作"传家宝"（heirloom sewing）的传统材料

特点：薄、软、透、有光泽感，很好缝纫

缺点：贵

适用：几乎所有内衣款式都适用，制成的衣物有光泽感，本书中薄透材质的款式基本都是用瑞士棉纱制作而成的

法蕾

提升质感的好帮手，虽然单价相对较高，但是小尺寸娃衣用量不多，非常推荐使用

真丝织带　用来制作各种腰带、蝴蝶结及表面装饰

假 领 子

　　假领子虽然单看有点奇怪，但是如果只是搭配在外套里面，效果比穿着整件衬衫好，而且还能节约很多时间（毕竟衬衫制作起来还是挺繁琐的）。纸样见P115。

图例材料使用

白色瑞士棉纱、6mm宽度的法蕾
2mm和3mm直径的珍珠、2mm直径的米珠、揿纽
4mm宽度的真丝缎带

假领子制作方法

1　按照纸样将需要的布剪下来,并在四周涂上锁边液。

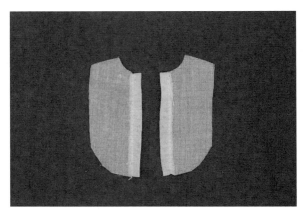

2　前襟向内翻折 5mm,在靠近边缘处压线,完成效果如图。

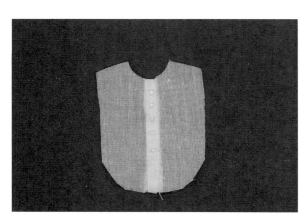

3　将前片的前襟重叠,在中间缝一排米珠作为装饰扣。

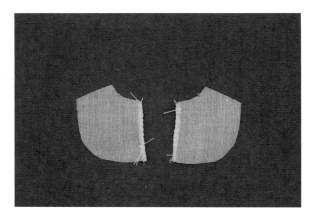

4　后中心处向内翻折 2mm 并缝合固定。

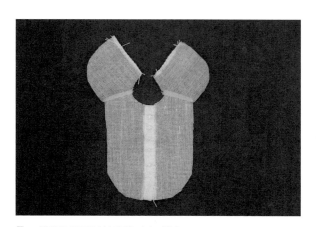

5　将前片和后片的肩线对齐,缝合。

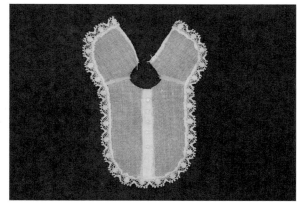

6　如图所示,缝一圈装饰蕾丝。

7 将领口表布的下边缘和拼合完成的上衣缝合起来，完成效果如图。

8 将领口的里布和表布缝合。

9 将领口里布和表布正面相对，沿虚线缝合。

10 将领口里布翻到正面，向内翻折 2mm，和上衣领口表布缝合起来，如图所示。

4mm左右

11 在领子后中开口处缝一对揿扣。注意：领子完成后，开口的一边会比后中心处多出一小段。

12 在领口位置缝两颗珍珠和两个不同材质的蝴蝶结，这样假领子就完成了。

衬　裙

　　这种有袖子的衬裙，可以穿在无袖或者短袖的裙子里面，露出一小段袖子来增加层次感。略微复杂一点的设计，单穿也会很可爱。纸样见P116。

图例材料使用

白色瑞士棉纱、法蕾、珍珠、4mm纽扣

衬裙制作方法

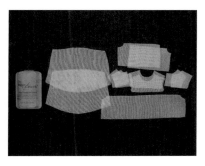

1 按照纸样将需要的布剪下来，并在四周涂上锁边液。

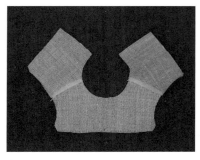

2 将领口的表布前后片自肩线处对齐缝合。

3 将上衣前片中的上边缘抽皱，和前片领口的下边缘拼合。

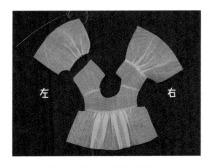

4 将上衣后片中的上边缘抽皱，和后片的领口下边缘缝合，完成效果如图右所示。

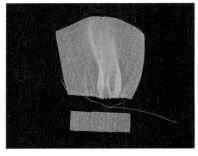

5 将袖口下边缘抽皱到跟包边布条等长。

6 将袖口的下边缘包边，完成效果如图。

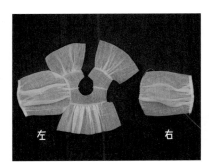

7 将袖子的上边缘抽皱，和上衣缝合，完成效果如图左所示。

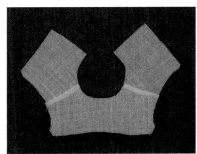

8 拼合领口的里布。

9 将袖子卷起来后，领口的里布和表布正面相对，对齐，缝合虚线所示位置。

10 翻到正面，整理熨烫压平整。

11 将领口的里布下边缘向内翻转2mm，和表布缝合。

12 上衣正面相对,对齐,缝合衣服侧缝,完成后如图所示。

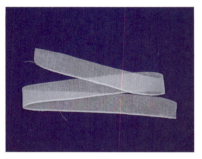

13 制作裙摆。将裙摆所需要的布都剪下来后，四周涂上锁边液。将裙摆的荷叶边下边缘向内翻折2mm并缝合固定。裙摆的荷叶边尺寸为45cm×2.5cm（含缝份）。

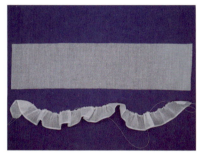

14 将荷叶边上边缘抽皱到与裙摆等长。裙摆尺寸为25cm×6cm（含缝份）。

15 将荷叶边和裙摆缝合。

16 将蕾丝的上边缘抽皱。

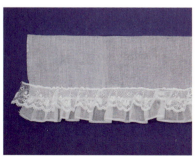

17 将抽皱后的蕾丝缝合在裙片上，距离下边的荷叶边1cm。

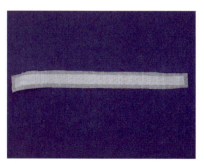

18 将腰部的黏合衬烫压在表布上，四周留一圈缝份后剪下来，并在四周涂上锁边液。

19 将裙片的上边缘抽皱到与腰部等长。

20 将裙摆的上边缘与腰部的下边缘缝合。

21 将上衣的下边缘抽皱到与腰部等长。

22 将上衣的下边缘与腰部缝合，如图所示。

23 在腰部缝一条蕾丝作为装饰，完成效果如图。

24 在领口处缝一条蕾丝作为装饰，完成效果如图。

25 将裙摆正面相对，对齐缝合虚线位置。

26 将后中虚线位置向内翻折 2mm 并缝合固定，完成效果如图。

27 在后中一边缝合一个扣子和一排米珠，我挑选了扣子和两个米珠，做了对应的扣袢，这样衬裙就完成了。

衬　衫

　　衬衫不仅可以穿在外套里面，露出好看的领口、袖口、下摆等，也可以单穿，作为日常装的单品。纸样见*P117*。

图例材料使用

瑞士棉纱、法蕾

衬衫制作方法

1 按照纸样将需要的布剪下来，并在四周涂上锁边液。领口褶皱部分需裁剪一块 28cm×1.6cm 的矩形（含缝份）。

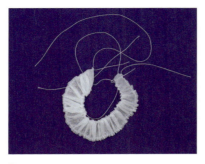

2 将领口长条表布的上下边缘分别抽皱。

3 将领子裁片和之前抽皱的布粗缝。

4 沿着领口的外边缘剪掉多余的抽皱布条，并在四周涂上锁边液。

5 将上衣的前片拼接上蕾丝，完成效果如图所示。具体工艺详见 P38 "在布料中间缝合蕾丝装饰"的讲解。

6 将领口的表布和里布正面相对，对齐，缝合虚线所示位置。

7 将领口和前片正面相对，对齐缝合，完成效果如图所示。

8 将领口和后片正面相对，对齐缝合，完成效果如图左所示。

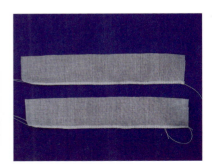

9 将袖口的荷叶边下边缘向内翻折 2mm 并压明线固定。

10 将荷叶边的上边缘抽皱后，与袖子的下边缘缝合。

11 将上衣表布的袖子卷起来，与领口的里布正面相对，然后缝合虚线位置。

12 翻到正面整理整齐，将里布领口的下边缘向内翻折 2mm，和表布缝合。

13 将上衣的侧缝拼接起来，完成效果如图。

14 在上衣的下边缘处拼合一条蕾丝。

15 按纸样剪下衬衫领口的包边布，领口包边完成后，将后中向内翻折 2mm 并缝合固定，完成效果如图。

（步骤 15 局部）

16 在后中心缝合扣子和珠子。我缝了一整排珠子，不过扣袢只做了两个，扣子和中间选取一个珠子做了对应的扣袢，这样衬衫就完成了。

（步骤 16 局部）

衬 裤

　　衬裤在整套造型里面，一般只是露出裤脚口的花边，而裤子本体可能只是为了让下半身看起来立体蓬松一些，所以一定要尽力制作好看的裤脚口。纸样见P117~118。

图例材料使用

瑞士棉纱、60支高支棉、法蕾

衬裤制作方法

1　按照纸样将需要的布剪下来，并在四周涂上锁边液。

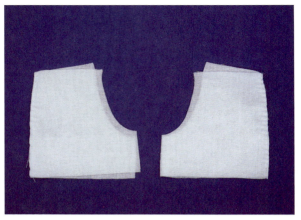

2　将裤子的前后片侧缝缝合，如图所示。

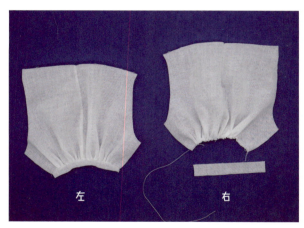

3　将步骤 2 完成的裁片下边缘抽皱到与裤脚口等长并缝合，完成效果如图左所示。

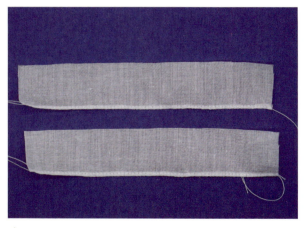

4　将荷叶边的下边缘向内翻折 2mm 并缝合固定。

5　将荷叶边的上边缘抽皱并和裤脚口缝合，完成效果如图左所示。

6　在裤脚口缝上装饰蕾丝。

7 将裤子整理成如图所示的形状，正面相对，缝合虚线位置。

8 将步骤 7 完成的裁片展开，上边缘向内翻折 7mm 并缝合固定，缝线尽量靠近边缘。

9 取一段 20cm 的圆细皮筋，将其对折，穿过之前做好的腰部通道。

10 穿过后打结固定，将正面相对并缝合虚线位置。

11 将裤子整理到如图所示状态，缝合虚线处。

12 翻到正面，整理一下，裤子就完成了。

衬　帽

　　衬帽的设计是为了让帽子和头发之间有个阻隔，假设一个进屋的时候会脱下帽子的场景，所以衬帽可以单戴也可以叠戴其他帽子，多运用蕾丝会显得更精致。纸样见P118。

图例材料使用

瑞士棉纱、网纱、法蕾

衬帽制作方法

1 按照纸样将需要的布剪下来，并在四周涂上锁边液。

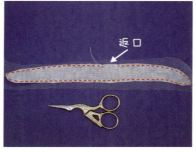

2 将剪下来的帽檐和网纱沿虚线缝合（留出一小段返口），之后将多余的网纱剪掉。

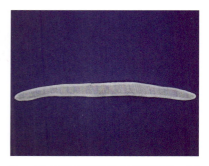

3 通过返口翻到正面并熨烫平整，返口用藏针法缝合。

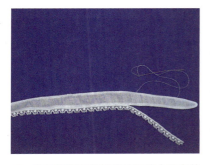

4 在如图所示的帽檐位置缝合用来装饰的花边。

5 剪下帽身的蕾丝，两端缝上装饰蕾丝，完成效果如图右所示。

6 将帽身缝合到帽檐上，从中间往两边缝，完成效果如图右所示。

7 将帽子戴在娃娃的头上，抽皱后边缘。如果娃娃头尺寸和模特不一致，需自行画出帽底纸样，如虚线所示。

8 将帽底纸样加上缝份剪下来，四周涂上锁边液，并在下边缘缝合花边。

9 将步骤 8 完成的裁片和帽身缝合起来，这样帽子就完成了。

袜 子

袜子是一个常用的单品，在娃衣中具有一定的装饰作用。纸样见P119。

图例材料使用

罗纹针织面料

袜子制作方法

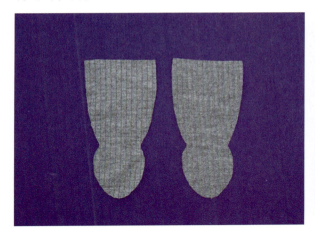

1 按照纸样将需要的布剪下来，针织布料不用涂锁边液。

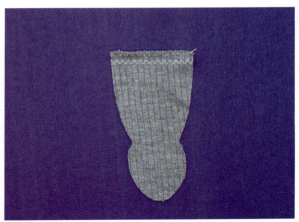

2 将袜子的上边缘向内翻折2mm，用Z字线缝合。

3 将侧面正面相对，对齐，沿虚线缝合侧缝，翻到正面，袜子就完成了。

外衣篇
Outfit

外衣可以用来区分年龄、职业、地位等，在有限的篇幅内，本书展示了一款儿童连衣裙、一款青少年连衣裙和一款成年人套装。为了增加搭配的多样性，制作了一款绑带背心、一款围裙、一款半裙。

不知道大家有没有这样一种经历，童年时候可能会有一条穿了很久的裙子，从半长裙穿成了上衣的效果。我会在本章展示不同身高的素体穿着同一条裙子的效果，以及同一款衣服选择不同颜色的布料所带来的不一样的视觉感受。

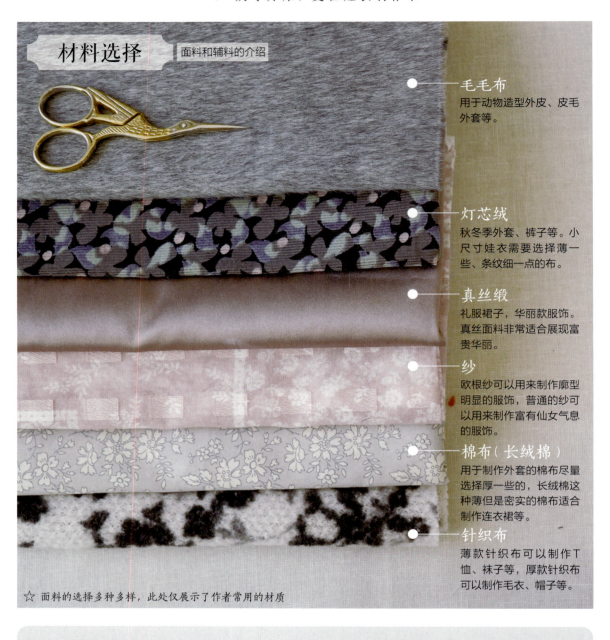

材料选择 面料和辅料的介绍

毛毛布
用于动物造型外皮、皮毛外套等。

灯芯绒
秋冬季外套、裤子等。小尺寸娃衣需要选择薄一些、条纹细一点的布。

真丝缎
礼服裙子，华丽款服饰。真丝面料非常适合展现富贵华丽。

纱
欧根纱可以用来制作廓型明显的服饰，普通的纱可以用来制作富有仙女气息的服饰。

棉布（长绒棉）
用于制作外套的棉布尽量选择厚一些的，长绒棉这种薄但是密实的棉布适合制作连衣裙等。

针织布
薄款针织布可以制作T恤、袜子等，厚款针织布可以制作毛衣、帽子等。

☆ 面料的选择多种多样，此处仅展示了作者常用的材质

小贴士

关于黏合衬的选择

有时候，有些面料有我们喜欢的图案，可是材质并不是我们想要的，那么就可以通过黏合衬来改变面料的外观属性，黏合衬可以让薄而软的面料变得相对硬挺，也变得更加易于缝纫。

弹力衬
需要黏合衬的底布有弹力时，选择弹力衬，这样不会破坏底布本身的弹性。

无弹衬
需要黏合衬的底布无弹力时，我一般会选择日本制的棉布衬，质感比较好。

绑带背心

　　绑带背心是复古风格服饰中的必备款。稍厚材质的背心可以穿在衬衫的外面作为外出服，较薄材质的背心也可以在外套的里面叠穿搭配。纸样见P119。

图例材料使用

韩国产印花棉布（略有厚度）、
60支高支棉、2mm褐色真丝带、4mm铜扣

绑带背心制作方法

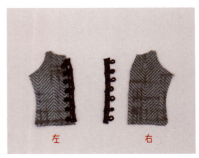

1　按照纸样将需要的布剪下来，并在四周涂上锁边液。

2　将前片外侧表布和黑色花边粗缝起来，完成效果如图左所示。

3　将前中片和前侧片的表布正面相对，沿虚线对齐缝合。

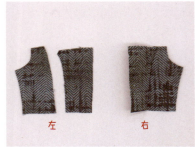

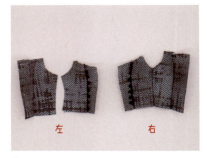

4　完成后用熨斗熨烫平整，完成效果如图。

5　同样，将后侧片和后中片的表布也缝合起来，完成效果如图右所示。

6　将完成的前后片表布侧缝缝合，完成效果如图右所示。

7　按照表布的拼合方式将背心主体的里布拼合。

8　将背心的裙摆边按照纸样剪下来，除了上边缘以外，其他三边向内翻折2mm并压线固定，完成效果如图所示。

9　将里布和表布正面相对，对齐，缝合虚线位置。

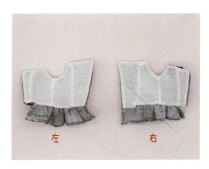

10 完成后翻到正面，整理熨烫平整后，将里布的下边缘向内翻折 2mm 和表布缝合起来，完成效果如图左所示。

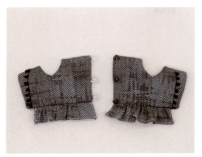

11 在背心的后背一边做三个扣袢，另一边缝三个扣子，如图所示。

12 将背心按照预想的搭配方式穿在娃娃的身上，我喜欢用背心搭配衬衫，所以我给娃娃穿在衬衫外面。

13 转到正面，取一段 2mm 宽的缎带穿在前片的穿带孔中，调整好松紧，打结固定，然后将背心通过后背的扣子取下。

14 接着制作背心的带子。按照纸样剪下带子的表布，将其和里布正面相对缝合三边，如虚线所示。

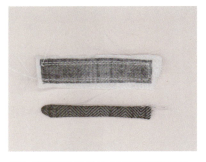

15 沿着表布的外边缘将背带剪下来，通过返口翻到正面，并将返口用藏针法缝合。

16 将背带缝合在前片如图所示位置，并缝一颗扣子在上面作为装饰。

（步骤 16 的局部）

17 穿在娃娃上，按照穿着长度，将背带固定在后片上，这样背心就完成了。

印花拼接连衣裙

连衣裙是我最喜欢制作的款式，经常用一件就可以完成整个造型。这款连衣裙褶皱和拼接的设计参考了19世纪爱德华服饰造型。纸样见P119~120。

图例材料使用

Liberty 灰色印花长绒棉布、瑞士棉纱
法蕾、真丝顺纡花边、弹力花边
各种米珠、2mm珍珠、4mm珍珠扣

印花拼接连衣裙制作方法

1 按照纸样将需要的布剪下来，并在四周涂上锁边液。

2 制作袖子部分。将蕾丝如图缝合在袖子花边上，图上为已完成效果。

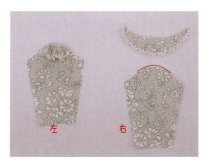

3 将长的花边上边缘抽皱，缝合在袖子的红线位置，完成效果如图左所示。

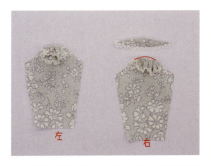

4 将短花边的上边缘抽皱，缝合在长花边的上面（参考红线位置），完成效果如图左所示。

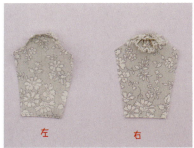

5 将袖子的底边向内翻折2mm并缝合固定，完成效果如图右所示，图左为反面。

6 在如图所示位置缝合一条花边，完成效果如图左所示。

7 在花边如图所示位置缝上亮片和米珠作为装饰，袖子就完成了。

8 制作上衣部分。将上衣需要的黏合衬按照纸样剪下来后，用熨斗压烫在白色表布的反面。

9 四周留2mm缝份剪下来，并在四周涂上锁边液。

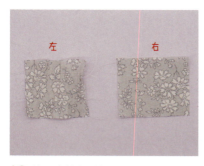

10 将图右的前片长方形抽皱，图中的抽皱效果用了4根线。

11 将上衣前片下和抽皱的表布正面相对，按照虚线部分缝合，皱褶部分完成效果如图左所示。

12 沿着白色布的外边缘将灰色表布剪下来。

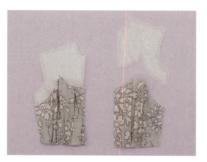

13 将之前剪下来并烫好黏合衬的前片上和步骤12完成的前片下正面相对缝合。

14 用与前片一样的方法完成后片，完成效果如图所示。

15 将门襟跟前片正面相对缝合，图中左边裁片为已经缝合完成的效果。

16 将图中的蕾丝缝合在前片上下拼接的分界线上，如虚线所示，完成效果如图右所示。

17 在门襟上缝合一排珍珠当作扣子。

18 在后片的分界线上缝上一串珠子。

19 将前后片肩线对齐缝合。

20 将袖子跟衣身缝合。

21 将里布的前后片肩线对齐，缝合。

22 将上衣的表布和里布正面相对，沿虚线对齐缝合。

23 翻到正面，里布的袖窿位置向内翻折 2mm 并和表布缝合，完成效果如图所示。

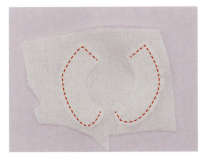

24 按照纸样将领子剪下来，正面相对，沿虚线与里布缝合。

25 沿着领子的外缘将领子从里布上面剪下来，布边涂上锁边液后，翻到正面，用熨斗熨烫整齐，完成效果如图所示。

26 将完成的领子缝合在上衣领口，如图所示，粗缝固定即可。

27 上衣正面相对，将表布的侧缝缝合，如虚线所示。

28 翻到正面，里布的侧边正面相对缝合，如图中虚线所示。

29 按纸样剪下领口包边布，将领口包边，完成效果如图。

30 将腰部的黏合衬用熨斗烫在灰色表布反面，留缝份剪下，四周涂上锁边液。

31 将腰部和上衣缝合起来，完成效果如图所示。

32 制作裙摆部分。先将裙摆按照纸样剪下来，四周涂上锁边液，并将下边缘向内翻折2mm，缝合固定。

33 在如图所示位置缝一条花边。

34 在之前缝好的花边上面再缝一条花边，如图所示。

35 将裙摆的上边缘抽皱。

36 将腰部的下边缘和裙摆上边缘缝合，如图所示。

37 翻到反面，将上衣的里布下摆向内翻折 2mm，和表布的腰部缝合，如图所示。

38 裙摆正面相对，对齐，缝合虚线位置。

39 在虚线位置向内翻折 2mm 并缝合固定。

40 在后背缝纽扣，并在相对应位置缝扣袢，这样裙子就完成了。

蓝色百褶儿童裙

儿童服饰可以不用强调腰身，圆圆的造型会更加可爱！这款设计借鉴了19世纪儿童连衣裙常用的腰部下移设计，搭配百褶裙摆显得更俏皮。这款连衣裙，我做了两个不同颜色的成品（照片见P14~17）。纸样见P121。

图例材料使用

印度提花棉布、60支高支棉
法蕾、10mm真丝带、DMC绣花线
各种米珠、4mm水滴珍珠、4mm珍珠扣

蓝色百褶儿童裙制作方法

1 按照纸样将需要的布剪下来，并在四周涂上锁边液。

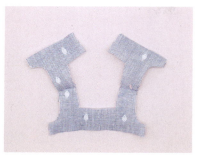

2 制作裙子的上衣部分，将前后片表布自肩线处缝合起来。

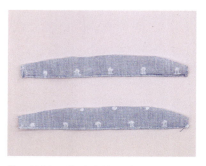

3 将袖子荷叶边的下边缘向内翻折2mm 并缝合固定。

4 将袖子的上边缘抽皱，和上衣的表布缝合，完成效果如右边所示。

5 缝合里布的前后片。

6 将表布和里布正面相对并对齐，沿虚线位置缝合。

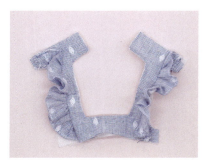

7 翻到正面，用熨斗熨烫整齐，完成效果如图。

8 在里布的袖窿位置向内翻折2mm，和表布的袖窿缝合，完成效果如图左所示。

9 将上衣的表布和里布的侧缝缝合。

10 制作裙摆，按照纸样将需要的表布剪下来，和蕾丝花边拼合。

11 将之前完成的下摆的下边缘向内翻折 2mm，缝合固定。

12 下摆做 6mm 的褶裥，上边缘用线粗缝固定。

13 将裙片下摆的里布下边缘向内翻折 2mm 并缝合固定。

14 将完成的裙片里布的上边缘抽皱。

15 将裙片的里布和表布的上边缘对齐并粗缝固定，将表布的反面和里布的正面相对。

16 将衣身的下边缘抽皱到与裙摆的上边缘等长，如图所示。

17 将衣身的下边缘和裙摆的上边缘正面相对缝合。

18 将衣身表布的上边缘抽皱，图中所示为反面。

19 衣身表布的上边缘需抽皱到与上衣下边缘等长，如图所示。

20 将衣身表布上边缘和上衣表布下边缘拼接起来。

21 在衣身的里布上边缘标记四分点（见红色标记）。

22 里布上边缘做好活褶后，跟上衣里布正面相对缝合，对齐四分点（四分点分别对应侧缝和上衣前片中点）。

23 图中展示的是缝合后翻到正面的效果，但制作过程中不需要翻到正面。

24 将衣身的表布和里布反面相对，沿虚线对齐缝合。

25 完成后翻到正面，整理整齐后，将衣身里布的下边缘向内翻折2mm并与下摆里布缝合。

26 将之前没有和表布缝合在一起的衣身里布正面相对缝合。

27 将表布衣身用藏针法缝合。

28 裙摆的表布和里布的两端向内翻折 2mm 缝合固定，完成效果如图。

29 在上衣如图所示位置缝一些简单的绣花图案。

30 在衣身和裙摆拼合的位置用真丝带缝合一圈装饰，如图所示。

31 在前面靠边位置做一个蝴蝶结装饰。

32 再用珍珠做一些装饰，这样腰带就装饰完成了。

33 在后背如图所示位置缝扣子，并在另一边缝上对应的扣襻，这样裙子就完成了。

印花褶裥半裙

　　搭配羊腿袖外套的下装，对裙子做了分割线设计，并在两边加入了褶裥细节，给普通的半裙增加一点趣味。纸样见P122。

图例材料使用

韩国印花棉布、60支高支棉
子母贴、4mm铜扣

印花褶裥半裙制作方法

1 按照纸样将需要的布剪下来，并在四周涂上锁边液。裙腰部的里布需提前烫好黏合衬。

2 将做褶裥部位的裙片下边缘向内翻折 2mm 并缝合固定。

左　　　右

3 两片做镜像对称的 5mm 褶裥，效果如图所示。

4 将腰部前后片的侧缝拼合起来，完成效果如图右。

5 将拼合好的腰部和褶裥裙片缝合。

6 将剩下的三片裙片的下边缘向内翻折 2mm 并缝合固定。

7 按照"后中片—褶裥裙片—前中片—褶裥裙片—后中片"的顺序将整个裙片完整地拼合,完成效果如图所示。

8 将腰部的里布和裙片表布正面相对,上边缘对齐,沿虚线缝合。

9 翻到正面,整理熨烫平整,并在图中所示虚线处压明线。

10 将裙摆的后中处向内翻折 2mm 并缝合固定。

11 在裙腰处如图所示位置缝一对魔术贴。

12 在裙子中间缝上装饰扣子,这样裙子就完成了。

白色蕾丝围裙

　　围裙是复古风格服饰中的一个常见配饰，可以丰富整体造型。不同材质的围裙也可以搭配不同的服饰，间接体现出服饰人物设定的阶级属性。纸样见*P123*。

图例材料使用

瑞士棉纱、1.5cm宽的法蕾、0.4cm宽的真丝带30cm

白色蕾丝围裙制作方法

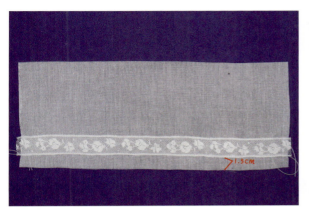

1 按照纸样将围裙布剪下来，并在四周涂上锁边液，在如图所示位置缝一条蕾丝。

2 在围裙的下边缘缝一条蕾丝。

3 将围裙的左右两端向内翻折 2mm 并压线固定。

4 在蕾丝上方缝两道缝线作为装饰，完成效果如图。

5 将围裙的上边缘抽皱到与腰部等长，将腰部和围裙上边缘缝合起来，具体方法参考紫色半裙（详见 P96~97 ）。

6 在腰部缝一条真丝带作为装饰，这条绳子也用于穿戴。

紫色方领连衣裙

　　方领的设计是欧洲古典服装中最常见的样式，本例连衣裙整体简单，可以作为相对比较平民人设的服饰，搭配围裙效果更佳。纸样见P124。

图例材料使用

韩国印花棉布、60支高支棉
直径2mm Toho 紫色磨砂米珠、直径4mm铜扣

紫色方领连衣裙制作方法

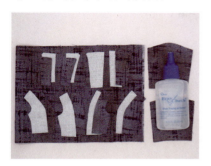

1 按照纸样将需要的布剪下来，并在四周涂上锁边液。

2 拼缝上衣的前片中间。

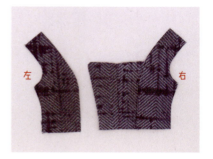

3 拼缝上衣前片的两侧，完成效果如图右所示。

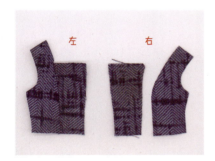

4 拼缝上衣的后片，完成效果如图左所示。

5 将上衣的前后片在肩线处拼缝。

6 拼缝上衣的里布和表布。

7 将袖子的下边缘向内翻折2mm并缝合固定。

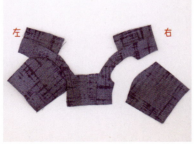

8 将袖子缝合到上衣上，完成效果如图左所示。

9 将里布和表布正面相对，对齐沿虚线缝合。

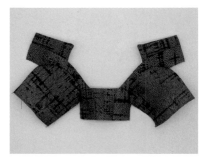

10 将衣服翻到正面，整理熨烫平整。

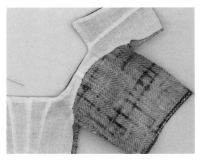

11 翻到反面，将里布的袖窿位置向内翻折 2mm，和表布的袖窿缝合，完成效果如图所示。

12 将衣服的侧缝缝合起来，先缝合表布侧缝，完成后翻到反面，再缝合里布的侧缝。

13 将裙摆的布除了上边缘，其他三边均向内翻折 2mm 并缝合固定。

14 将裙摆的上边缘抽皱到与上衣的下边缘等长。

15 将裙摆的上边缘和上衣的表布下边缘缝合，完成效果如图所示。

16 翻到反面，将上衣里布的下边缘向内翻折 2mm 并与裙摆缝合。

17 在裙子上衣的后背如图所示位置缝合扣子，另一边做相应位置的扣襻。

18 在裙子的前面缝上珠子，完成效果如图所示，这样裙子就完成了。

紫色羊腿袖外套

　　有时候独特的配件会给衣服带来别样的视觉效果，这款外套采用了一个20世纪50年代的祈祷手势铜配件，另外，羊腿袖也是比较经典的复古风格元素。纸样见P125。

图例材料使用

韩国印花棉布、60支高支棉
黑色蕾丝、DMC绣线、复古铜配件

紫色羊腿袖外套制作方法

1 按照纸样将需要的布剪下来，并在四周涂上锁边液。

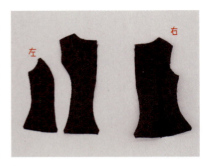

2 将前中片和前侧片拼接起来，完成效果如图左所示。

3 将后中片和后侧片拼接起来，完成效果如图右所示。

4 将已经完成拼接的两片后片从后中心处拼接起来。

5 将前后片在肩线处对齐，并拼接起来。

6 按照表布的拼接方式，拼接里布。

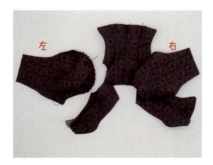

7 将袖子需要抽皱的位置抽皱到与衣身的袖窿位置等长，然后将袖子缝合到衣身上，完成效果如图右所示。

8 将袖子下边缘向内翻折 2mm 并缝合固定。

9 在袖子如图所示位置绣一段锁链绣，颜色为套裙所搭配半裙的颜色。

10 将里布和表布正面相对，对齐，沿虚线缝合。

11 翻到正面，整理熨烫平整，并将领子位置烫折，完成效果如图所示。

12 将里布的袖窿向内翻折 2mm，和表布的袖窿缝合起来，完成效果如图右所示。

13 将衣服前后片袖子和侧缝对齐，缝合表布的侧缝。

14 将衣服翻转到正面，里布侧缝正面相对，对齐缝合。

15 在衣服表布的下边缘缝上黑色花边，完成效果如图。

16 将里布的下边缘向内翻折 2mm，和表布的花边缝合，如图所示。

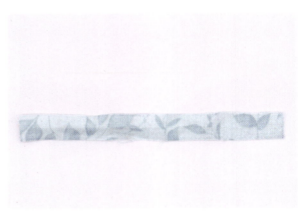

17 将腰带按照纸样剪下来，四周涂上锁边液。

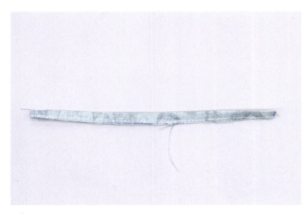

18 沿长边对折，沿虚线缝合。

19 通过两端返口翻到正面，两端用藏针法缝合后在中间粘上装饰铜饰。

20 腰带的两端，一边将返口缝合，另一边缝一个扣袢。

21 穿的时候将腰带穿在外套的腰上，后背扣上扣子就行了。

紫色半裙

　　半裙是一种制作简单，但是效果很好的单品。这款半裙不仅可以作为外裙，也可以穿在其他的半裙里面当衬裙，增加搭配的层次感。纸样见P126。

图例材料使用

100支高支棉

紫色半裙制作方法

1 按照纸样将需要的布剪下来，并在四周涂上锁边液。

2 在裙摆的下边如图所示位置缝两个 2mm 的褶。

3 将荷叶边的长边向内折 2mm 并缝合固定，完成效果如图。

4 将荷叶边的上边缘抽皱后与裙摆的下边缘缝合起来。裙摆荷叶边为 80cm×3cm 的矩形。

5 将裙摆的上边缘抽皱到和腰部长度一样。

6 将腰部沿长边对折，和裙摆的腰部正面相对，对齐缝合。

7 将腰部正面相对，缝合虚线位置。

8 将腰部翻折到背面，底边向内翻折 2mm 和裙摆的上边缘缝合。

9 对齐裙子侧边，缝合虚线位置。

10 将没有缝合的裙片位置向内翻折 2mm 并缝合固定。

11 在后中处如图所示位置缝合一对风纪扣，半裙就完成了。

帽子篇
Headwear

　　帽子在复古造型中是不可缺少的一个环节，本章选择了三款复古装束中非常常见的帽子——波奈特、羽毛礼帽和纱帽。其中，波奈特可以搭配内衣篇里的衬帽一起佩戴。

　　同样的衣服换戴不同的帽子就会有不同的视觉效果，有时甚至差别大得惊人，在实际运用中大家可以多尝试一下。

头饰常用材料

1 花、羽毛等

用来装饰帽子

2 发夹

制作发夹类的底胚，也可以作为帽子上的配饰

3 头箍底胚

4 各种面料

任何材质都可以使用

5~7 各种黏合衬

根据帽子需要的硬度，选择不同硬度的黏合衬

8 卡纸

用来制作帽子的底胚，也可以作为硬衬夹层

9 花边、蕾丝等

用来装饰帽子

10 铜丝、铁丝等

做帽子框架，或者用于其他需要拗造型的位置，比如动物耳朵

11 草帽条

可以车成草帽

12 麻绳

制作草帽，或者作为帽子装饰

麻纱礼帽

　　麻纱礼帽是常见的复古帽型之一，这款礼帽装饰相对比较简单，大家可以发挥自己的想象做出更美丽可爱的帽子。

图例材料使用

西纳梅麻布
真丝带、珍珠、法蕾

麻纱礼帽制作方法

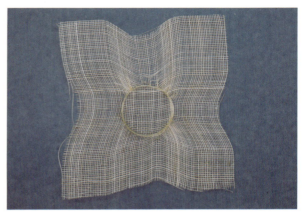

1 剪一块 14cm×14cm 的麻纱，用水打湿以后，如图所示套在一个合适的圆柱体上，用皮筋固定。

2 麻纱干了以后取下来，用熨斗熨烫边缘。

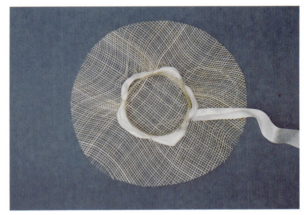

3 修剪成 11cm 直径的圆。

4 在帽高处用 1.2cm 宽的真丝带做一圈花边。

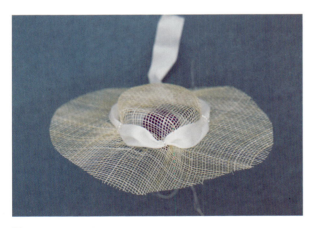

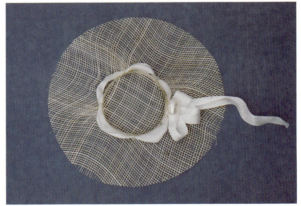

5 用米珠圈固定，如图所示。

6 在留出丝带的位置，做一个蝴蝶结装饰，并在中间缝一颗珍珠。

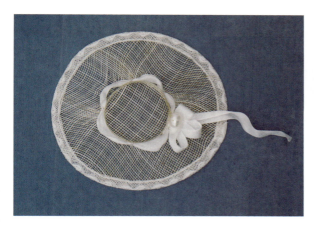

7　在帽檐一周用蕾丝围绕一圈并缝合固定。

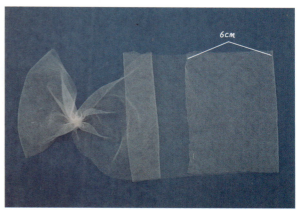

8　剪一条 45cm×10cm 的网纱，根据如图所示位置抽皱。

9　用步骤 8 完成的网纱将帽子包起来，抽皱的两个三角堆在帽顶并缝合固定。

10　完成的侧面效果如图所示。

11　在如图所示位置缝合两条 4mm 宽的真丝带，用来绑在脖子上固定帽子（本例丝带间距为 1cm），这样帽子就完成了。

褶 皱 波 奈 特

　　波奈特是复古服饰中的经典帽子样式，搭配不同的材质对各种不同人设的
服饰都适用。本款波奈特用了类似草帽的外观，很适合可爱的劳动少女人设。
　　纸样见P123。

图例材料使用

草编纹理印花布、瑞士棉纱、100支高支棉
硬黏合衬

褶皱波奈特制作方法

1 按照纸样将需要的硬衬剪下来，用熨斗烫在表布和里布上，帽檐部分红线位置留缝份，其他部分四周留缝份剪下来。

2 按照纸样剪下帽檐部分，抽皱白棉纱布，用三根线抽皱到与帽檐长度一致，完成效果如图所示。

3 将帽檐里布正面跟抽皱布的反面对齐，粗缝虚线部分，沿着帽檐的边缘将多余的抽皱布剪掉。

4 将完成的帽檐里布和表布正面相对，沿虚线缝合。

5 将缝合完成的帽檐翻到正面，按纸样剪下包边布，将图中帽檐位置包边。

6 将帽身表布和里布对齐，缝合虚线所示部分。

7 将完成的帽身翻到正面，和帽檐拼接缝合。

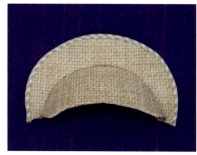

8 将帽身和帽檐的表布正面相对，对齐缝合，完成效果如图。

9 翻到反面，将帽身里布向内翻折2mm，与帽檐的里布缝合，完成效果如图所示。

10 使帽底表布和里布正面相对，对齐，沿虚线缝合。

11 帽底通过返口翻到正面，用藏针法缝合返口。

12 将帽底和帽身缝合，从中间往两边缝。

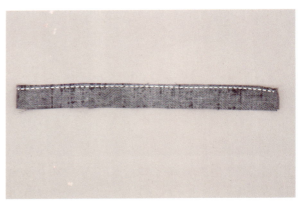

13 制作帽子的装饰带子。装饰带子由三部分组成，先制作中间部分，按照纸样剪下表布和里布，正面相对，沿虚线缝合。

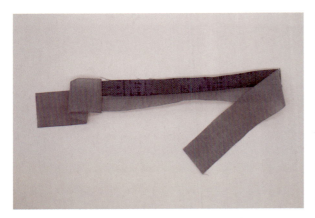

14 按照纸样剪下装饰带两边，与装饰带中间缝合。

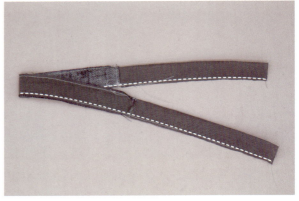

15 将一整条带子正面相对，对齐，沿虚线缝合。

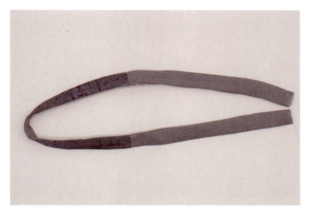

16 将完成的带子通过返口翻到正面，将两头用藏针法缝合。

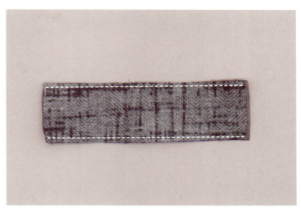

17 制作蝴蝶结。按照纸样剪下蝴蝶结的里布和表布，正面相对，对齐，沿虚线缝合。

18 将完成的蝴蝶结翻到正面，无需缝合两端，将两端向中间折，如图所示，中间位置再用线缝合一下，做成蝴蝶结雏形。

19 将之前制作完成的带子在蝴蝶结中间缝合起来。

20 将蝴蝶结缝在帽子尾部正中，如图所示。

21 将带子另外两边固定在帽檐和帽身结合处（箭头位置），这样帽子就完成了。

羽毛纱帽

这是一款平顶式礼帽,用了经典的羽毛、网纱、蝴蝶结、真丝花装饰,一面是花和羽毛装饰,另一面主要呈现纱的质地和纹理,一顶帽子可以戴出两顶的效果。纸样见*P127*。

图例材料使用

卡纸、真丝缎、网纱
羽毛、真丝花、丝绒带、真丝带、人造花

羽毛纱帽制作方法

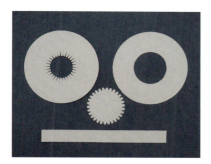

1 制作帽子胚。按照纸样将需要的卡纸剪下来。

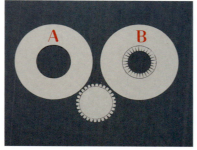

2 将 A 圆和 B 圆对齐，把 A 圆的内圈画在 B 圆上，再将小圆和 A 圆圆心对齐，把内圆画在小圆上（可直接利用纸样，内圆即纸样中的蓝色线条）。

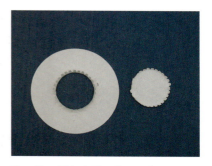

3 将 B 圆和小圆沿着画出来的线把锯齿折起来。

4 将围边的一边和 B 圆粘起来，完成效果如图所示。

5 将小圆和围边的另一边粘起来，作为帽子顶，完成效果如图所示，这样帽子胚就做好了。

6 用布把帽子胚包起来。先包帽檐的里侧，在帽檐里侧贴好双面胶，沿着外缘把多余的双面胶剪掉，完成效果如图。

7 将白色真丝布粘在上面，外围留5mm 左右，剪成锯齿状，内圆先剪个小圆再按射线状剪开即可。

8 如图所示，锯齿边缘粘在帽檐的正面。

9 将内里的布条往内粘，完成效果如图所示。

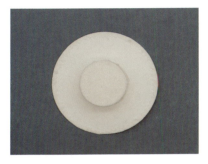

10 按照之前的方式给帽子顶包好布。

11 完成侧面，效果如图所示。

12 将之前的 A 圆用白色真丝布包起来。

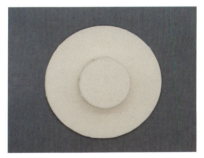

13 将包好的 A 圆卡到帽檐上，将之前没有粘起来的小圆的布粘到帽身上。

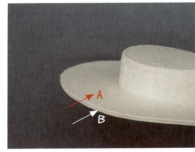

14 完成的侧面效果如图所示。

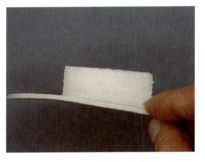

15 在帽身粘一圈花边，这样帽子就初步完成了，接下来做表面的装饰。

16 裁剪一块 45cm×20cm 的网纱，对折。

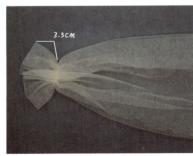

17 将如图所示位置抽皱到3.5cm左右，并缝合固定褶皱。

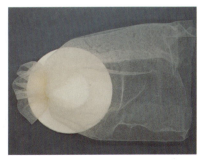

18 将完成的纱粘在帽檐和帽身的交界处。

19 将纱包住帽身，抽皱后粘在另一边的帽檐与帽身交界处。

20 上一步的侧面效果如图所示。

21 将剩下多余的纱按如图所示方式扭转。

22 将扭转的纱粘在帽檐上，完成效果如图所示。之后在如图所示位置粘上羽毛。

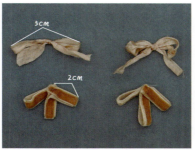

23 用真丝带和真丝丝绒带做图中所示的蝴蝶结。

24 粘在图中所示位置，图中所示为侧面效果。

25 取一块 25cm×20cm 左右的网纱。

26 将网纱团成一团，粘到帽子的中间。

27 在网纱和蝴蝶结之间插空粘上一些花朵，如图所示，这样帽子就完成了。

扫码观看教程

配件篇
Ornament

　　配件是本书成品照片中不可或缺的部分，配件、摆件及家具的风格和色调，都与娃娃的服饰风格浑然一体，相辅相成。在娃娃的人物设定中，配件除了起到点缀场景和烘托气氛的作用之外，还为整个场景搭建增加了故事性，这使得整个制作过程和结果都变得更有趣。

纸 样 使 用 说 明

纸样符号

———	净缝线：即服装成品尺寸
———	缝份线：本书纸样包含2mm缝份
←——→	丝缕方向：需将面料的经纱对准箭头方向裁剪
⌒	连裁记号：表示面料需沿着竖线对折后裁剪
—	对位记号：通常出现在袖窿、袖山弧线及侧缝处
wwwww	抽褶记号：波浪线表示临近边缘需抽褶

制作说明

☆ 纸样部分均为实际尺寸，可复印后剪下使用。

☆ 本书中所有纸样的缝份均为2mm。

☆ 本书中的款式适合6分娃娃穿着，尺寸较小，直线尺寸可以用缝纫机缝纫，也可以采用回针法手缝，一些细节手缝效果更好。

☆ 除针织面料和黏合衬之外，所有面料裁片裁剪下来之后，都需要在四周涂一圈锁边液，以防脱丝。

☆ 裁剪之前，需将面料做丝缕归整，必要时需要做预缩（防止成品缩水）和熨烫处理。

假领子

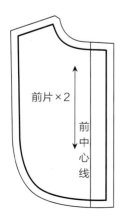

前片×2
前中心线

后片×2

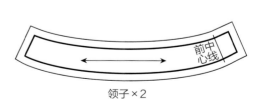

前中心线

领子×2

衬裙

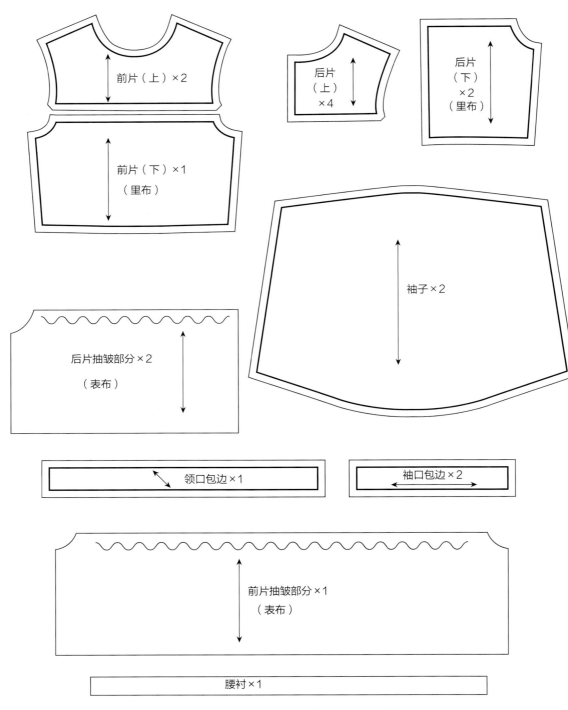

前片（上）×2

后片（上）×4

后片（下）×2（里布）

前片（下）×1（里布）

后片抽皱部分×2（表布）

袖子×2

领口包边×1

袖口包边×2

前片抽皱部分×1（表布）

腰衬×1

☆ 另外还需要绘制
裙摆的荷叶边：45cm×2.5cm（含缝份）×1
裙摆：25cm×6cm（含缝份）×1

衬衫

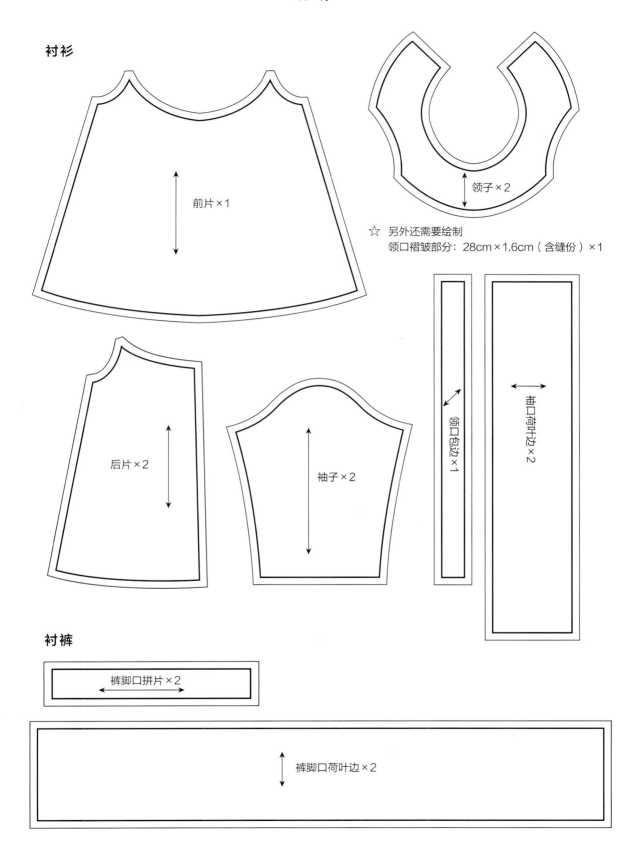

前片×1

领子×2

☆ 另外还需要绘制
领口褶皱部分：28cm×1.6cm（含缝份）×1

后片×2

袖子×2

领口包边×1

袖口荷叶边×2

衬裤

裤脚口拼片×2

裤脚口荷叶边×2

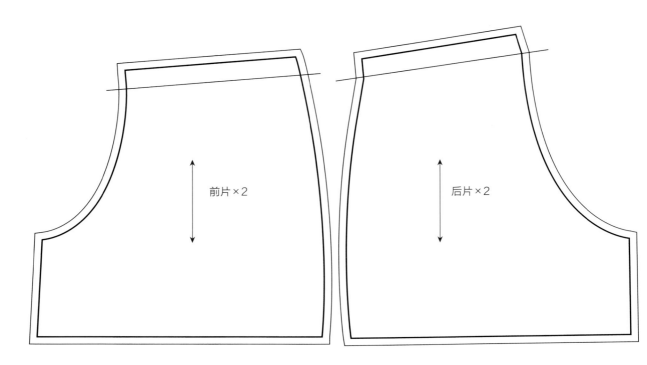

前片×2

后片×2

衬帽

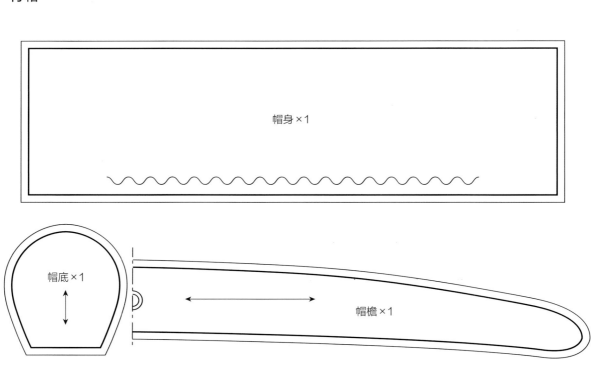

帽身×1

帽底×1

帽檐×1

袜子

袜子×2

绑带背心

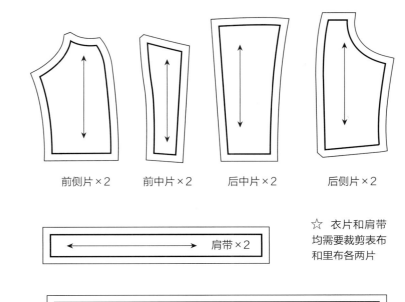

前侧片×2　　前中片×2　　后中片×2　　后侧片×2

肩带×2

背心下摆（表布）×2

☆ 衣片和肩带均需要裁剪表布和里布各两片

印花拼接连衣裙

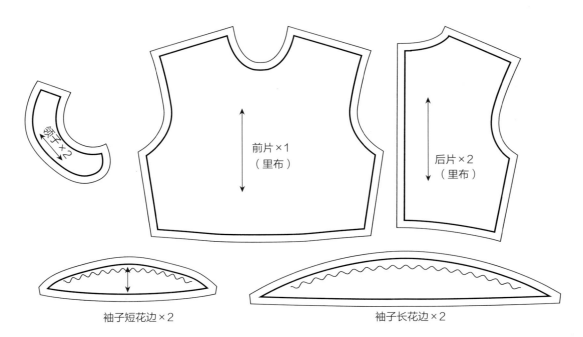

袖子×2

前片×1
（里布）

后片×2
（里布）

袖子短花边×2　　　　　　　袖子长花边×2

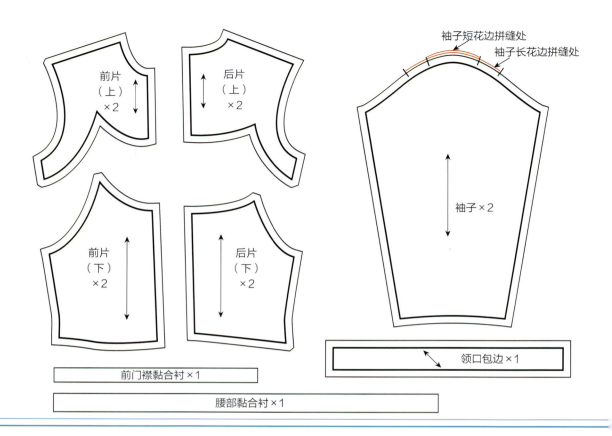

前片
（上）
×2

后片
（上）
×2

袖子短花边拼缝处

袖子长花边拼缝处

袖子×2

前片
（下）
×2

后片
（下）
×2

前门襟黏合衬×1

领口包边×1

腰部黏合衬×1

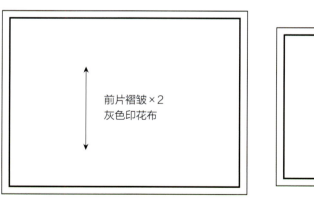

前片褶皱×2
灰色印花布

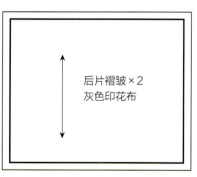

后片褶皱×2
灰色印花布

裙摆×1
灰色印花布

蓝色百褶儿童裙

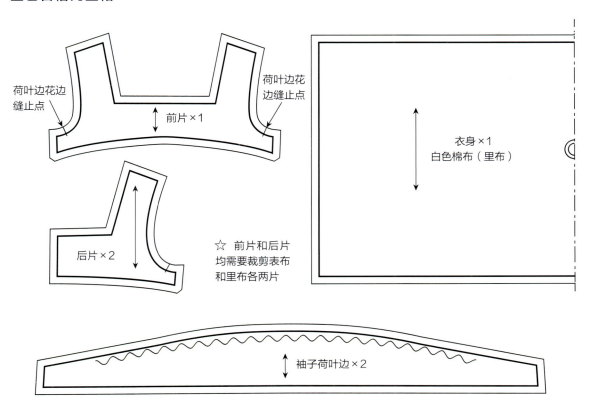

荷叶边花边
缝止点

前片×1

荷叶边花
边缝止点

后片×2

☆ 前片和后片
均需要裁剪表布
和里布各两片

衣身×1
白色棉布（里布）

袖子荷叶边×2

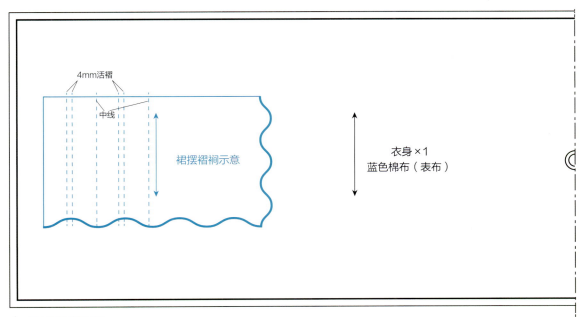

4mm活褶

中线

裙摆褶裥示意

衣身×1
蓝色棉布（表布）

☆ 另外还需要绘制
表布裙摆：43cm×4cm 矩形（含缝份）×1，蓝色棉布，需打褶裥
里布裙摆：43cm×4.6cm 矩形（含缝份）×1，白色棉布，上边缘需抽皱

印花褶裥半裙

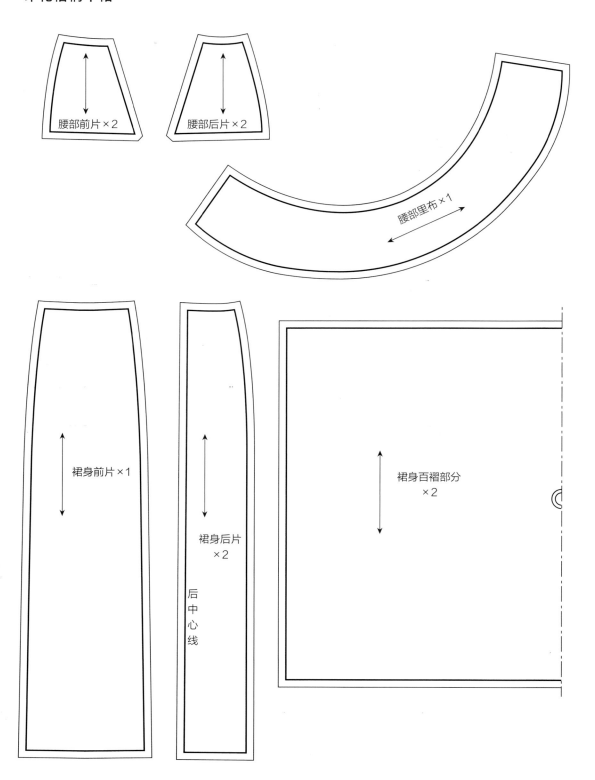

腰部前片×2

腰部后片×2

腰部里布×1

裙身前片×1

裙身后片
×2

后中心线

裙身百褶部分
×2

白色蕾丝围裙

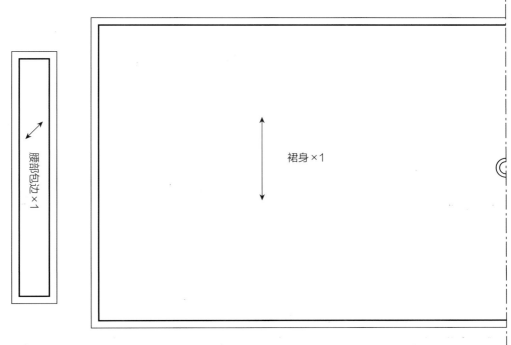

褶皱波奈特

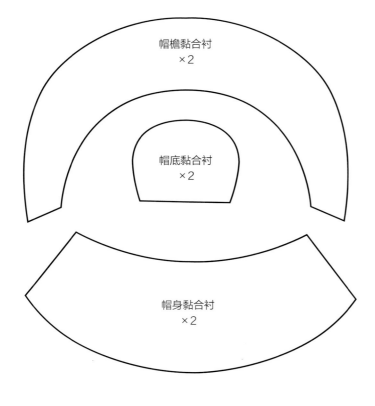

☆ 另外还需要绘制
· 帽檐的褶皱部分：70cm×3cm（含缝份）×1，白色瑞士棉纱
· 帽檐包边：24.5cm×1.2cm（含缝份）×1
· 帽带：16cm×1.5cm（含缝份），拼色的那段紫色花布和紫色棉布各×1
· 紫色棉布为11cm×2.6cm（含缝份）×2
· 帽子蝴蝶结紫色花布和紫色棉布各8.5cm×2.5cm（含缝份）×1

注意：主体黏合衬各需两份，表布为黄色草编纹理棉布，里布为印花棉布和瑞士棉纱布

紫色方领连衣裙

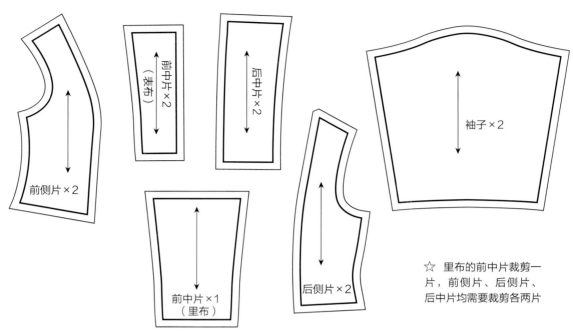

前侧片×2

前中片×2
（表布）

后中片×2

前中片×1
（里布）

后侧片×2

袖子×2

☆ 里布的前中片裁剪一片，前侧片、后侧片、后中片均需要裁剪各两片

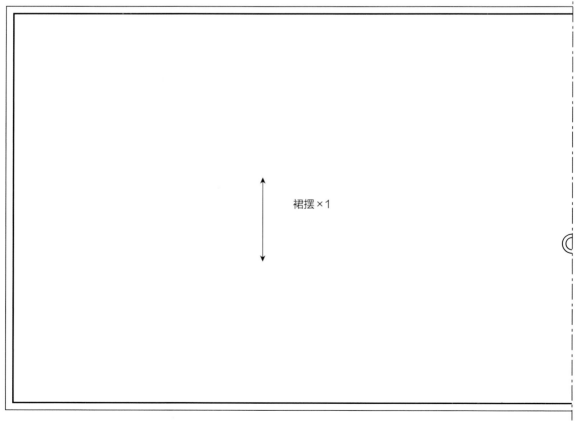

裙摆×1

紫色羊腿袖外套

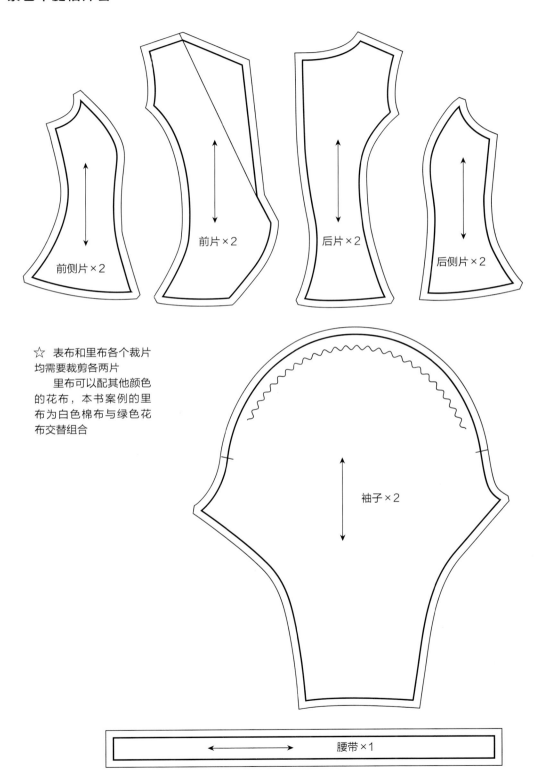

☆ 表布和里布各个裁片
均需要裁剪各两片
里布可以配其他颜色
的花布，本书案例的里
布为白色棉布与绿色花
布交替组合

前侧片×2

前片×2

后片×2

后侧片×2

袖子×2

腰带×1

紫色半裙

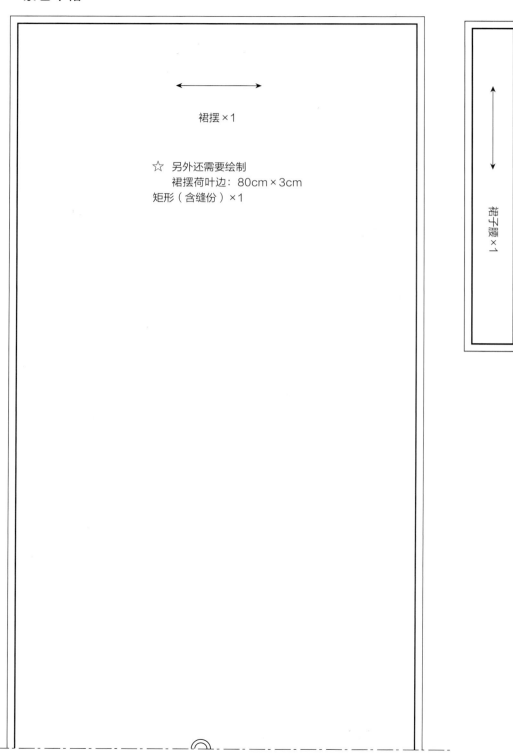

裙摆×1

☆ 另外还需要绘制
　裙摆荷叶边：80cm×3cm
　矩形（含缝份）×1

裙子腰×1

羽毛纱帽

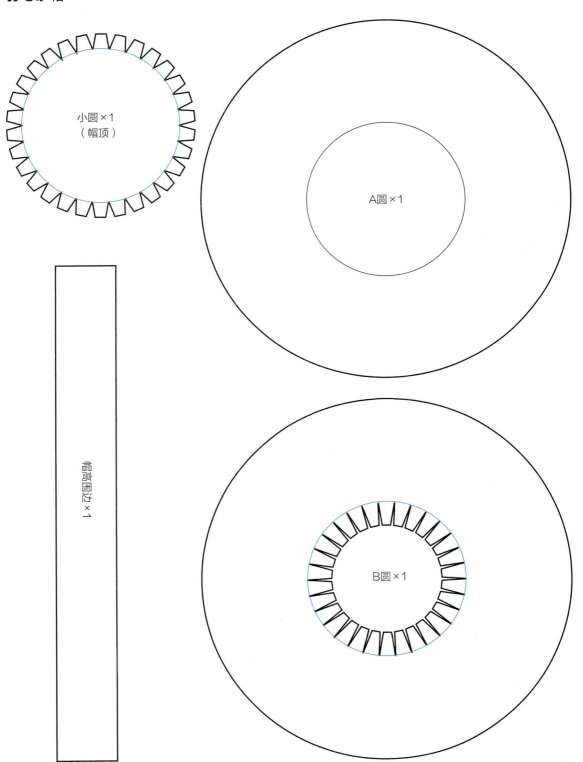

小圆×1
（帽顶）

A圆×1

帽高围边×1

B圆×1

图书在版编目（CIP）数据

从零开始：复古娃衣制作书/花头巾著 . -- 上海：

东华大学出版社 , 2024.10. -- ISBN 978-7-5669-2421-6

Ⅰ . TS958.6

中国国家版本馆 CIP 数据核字第 2024SA6595 号

从零开始 · 复古娃衣制作书
CONG LING KAISHI · FUGU WAYI ZHIZUOSHU

著　者：花头巾

责任编辑：哈申
版式设计：赵燕
封面设计：Ivy

出版发行：东华大学出版社（上海市延安西路 1882 号　邮政编码：200051）
营销中心：021-62193056　62373056　62379558
出版社网址：dhupress.dhu.edu.cn
天猫旗舰店：http://dhdx.tmall.com

印　刷：上海万卷印刷有限公司
开　本：787 mm × 1092 mm　1/16
印　张：8
字　数：180 千字
版　次：2024 年 10 月第 1 版
印　次：2024 年 10 月第 1 次印刷

书　号：978-7-5669-2421-6
定　价：88.00 元